1970年代〜80年代

続・関西の国鉄アルバム

写真　野口昭雄
文　牧野和人

◎東海道本線

1章
東海道本線、北陸本線の沿線

東海道本線	6
東海道新幹線	38
北陸本線	40
湖西線	56
草津線	60
信楽線	62
奈良線	66
大阪環状線	70
桜島線	76
片町線	78

2章
関西本線、紀勢本線の沿線

関西本線	84
桜井線	98
紀勢本線	100
阪和線	110
和歌山線	118

Contents

3章
山陽本線、山陰本線の沿線

山陽本線	124
山陽新幹線	130
山陰本線	132
福知山線	138
加古川線	142
播但線	144
北条線	148
赤穂線	150
高砂線	152
三木線	154
鍛冶屋線	156
姫新線	158

◎東海道本線

まえがき

　一つの趣味を継続していくことは、容易いように見えて思いのほか難しい。学生時代には時間と旅費を工面して全国を撮り歩いた御仁であっても、社会へ出て勤め人になると日々の仕事に忙殺され、「生き甲斐」と信じ、心血を注いできた「鉄道撮影」から足が遠のくことは珍しくない。ましてや結婚して家庭を持ち、子宝に恵まれれば育児に費やす時間が加算されてお気に入りのイベント列車さえも袖にせざるを得なくなる。また、熱を上げていた車両が引退してしまうと、撮影に出る機会が極端に減り、気が付けば多くの知人友人と悲喜こもごもを分かち合ったお立ち台から退場している場合もある。「現役の蒸気機関車が全廃になったから。」「EF58が消えたから。」今風に言えば世代の「〜ロス」が趣味を続けるか否かの踏み絵となって人生の路傍に埋め込まれているのだ。

　そうした一般的指向とは相反するかのように旧国鉄時代から現在に至るまで、綿々と撮影を続けられてきた野口昭雄さんの写真群は数十年の時を繋いで一塊の作品となり、今や熟成された迫力を以って鉄道の存在感を、我々鉄道趣味界の後輩に訴えかけてくる。本書では旧国鉄の名車にはじまり、民営化へ至る激動の時代に登場した車両までを収録している。人気の国鉄型車両と共に、今日も第一線で働くJR車両の初々しい姿にも目をやって欲しい。

2018年10月　牧野和人

1章
東海道本線、北陸本線の沿線

東海道本線、東海道新幹線、北陸本線、湖西線、草津線、
信楽線、奈良線、大阪環状線、桜島線、片町線

◎東海道本線

Tokaido Line
東海道本線 とうかいどうほんせん

区間▶東京〜神戸
駅数▶183駅
全通年月日▶1872年10月14日
路線距離▶589.5km
線路数▶複々線　複線　単線
最高速度▶130km/h

1949（昭和24）年9月15日	東京〜大阪間に特急「へいわ」が登場。6年ぶりの特急復活となる。
1950（昭和25）年6月11日	東京〜大阪間の特急に「ミスつばめ」「ミスはと」が乗務。女性の列車給仕が始まる。
1956（昭和31）年11月19日	米原〜京都間が電化され、東京〜神戸間の全線電化が完成する。
1958（昭和33）年11月1日	東京〜大阪・神戸間に初の電車特急「こだま」を新設。所要時間は神戸まで7時間20分、大阪まで6時間50分となる。
1960（昭和35）年6月1日	東京〜大阪間の特急「つばめ」「はと」を電車化し、所要時間を6時間30分に短縮。
1964（昭和39）年9月30日	新幹線開業に伴い、特急「こだま」が廃止される。
1996（平成8）年7月20日	高槻〜神戸間普通列車22往復を高槻〜須磨または西明石へ延長される。
2008（平成20）年3月15日	急行「銀河」（東京〜大阪間）廃止される。
2013（平成25）年3月16日	吹田貨物ターミナル駅が正式開業し、貨物駅としての営業を開始する。

滋賀と岐阜の県境である関ケ原付近では積雪を見る機会が多い。しんしんと雪が降り積もる東海道本線近江長岡〜関ケ原間の大カーブに、EH10が率いる黒々とした列車がレールの感触を確かめるかのようにゆっくりとやって来た。◎1974（昭和49）年1月14日

冠雪した伊吹山を仰ぎ見る東海道本線柏原〜近江長岡間に、自動車運搬専用列車がやって来た。機関車次位に連結された車掌車ヨ5000の塗装は、特急貨物列車「たから」で運用された証しだ。◎1974(昭和49)年3月2日

線路際にススキが穂を揺らす秋の伊吹山麓。EF65が黒や茶色の貨車を引き連れやって来た。0番台車は直流電化区間の標準機として、EF66とともに旧国鉄時代の東海道筋で貨物列車の牽引に当たった。◎1975(昭和50)年10月25日

旧国鉄が分割民営化された当初は、国鉄から継承された機関車が貨物輸送の主力となった。運転室下に貼られたJRマーク以外、EF66の表情に大きな変化は見られない。後に続くコンテナの多くには、未だJNRマークが描かれている。◎1987(昭和62)年12月19日

東海道本線柏原〜近江長岡間を行く485系の特急「しらさぎ」。民営化後の姿で車体にJRマークが付いているものの、伊吹山麓を駆ける国鉄特急色のボンネット型電車には、「こだま」を始めとした東海道特急の面影が重なる。◎1988(昭和63)年8月9日

雪の日の東海道本線米原駅。EF65牽引の貨物列車が側線に停車する傍らを583系の特急「しらさぎ」が雪煙と共に通過して行く。道床は積雪で真っ白く埋まり、前途の難行苦行を予感させる。◎1978(昭和53)年1月22日

ゴールデンウイークを控えて、滋賀県下の水田に水が張られ始めた。大阪～名古屋間で1日1往復運転される特急「しなの」が、東海道本線安土～能登川間の農村部を滑るように駆けて行った。◎1975(昭和50)年4月27日

東海道本線瀬田〜石山間を流れる瀬田川を渡る489系の特急「雷鳥」。本来は信越本線横川〜軽井沢間で協調運転を行うために登場した車両である。しかし、製造当初の配置が向日町であったため、北陸特急との共通運用が組まれていた。1972(昭和47)年11月12日

東海道本線の名所、山科の大カーブを行くのはDD51牽引の貨物列車。草津線経由で関西本線へ向かう列車の牽引には、本線が電化された後も蒸気機関車やディーゼル機関車が充当された。◎1972(昭和47)年10月29日

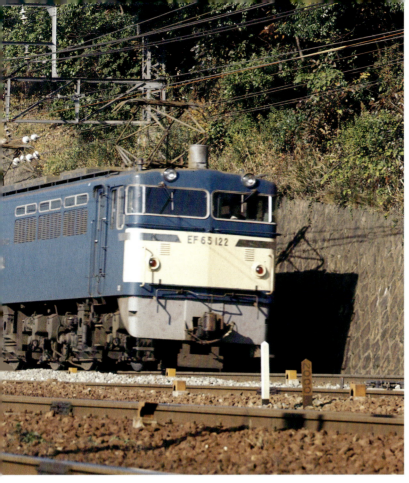

長大な一般貨物車の列を率いて東海道本線山科駅へ入線するEF65 122号機。1970年代に入るとEF65は、寝台特急から貨物列車までを担当する、東海道山陽筋の主力機となっていた。貨物用の0番台車は500番台、1000番台車と塗装が大きく異なる。◎1972(昭和47)年7月26日

東海道本線向日町付近で特急「白鳥」を見送る。日の長い季節には東海道本線で陽光を浴びる大阪行きを見ることができた。「飛び立つ白鳥」を描いたイラストヘッドマークは1978(昭和53)年10月2日から掲出された。◎1987(昭和62)年1月31日

西鹿児島(現・鹿児島中央)を昨晩に発車した上り寝台特急「なは」は、終点の新大阪へ午前9時台後半に到着する。向日町への回送列車では初秋とはいえ、高い太陽が機関車の手摺りの影を前面に濃く落とした。◎1987(昭和62)年9月27日

向日町運転所で足を休めるのは長野区の12系お座敷客車「白樺」だ。昭和50年代、60年代にかけては、団体客用の客車列車が全国で運転されていた。行楽期ともなれば、管理局外から多彩な車両が関西地区へやって来た。◎1986(昭和61)年5月23日

湖西線近江今津まで足を延ばす「新快速」が東海道本線高槻～山崎間で直線が延びる複々線区間を行く。この日は前から2・3両目に、オリジナルの湘南色に塗られた車両が組み込まれていた。◎1980(昭和55)年2月11日

東海道本線茨木付近を行く20系客車の急行「銀河」。昭和50年代に入ると「動くホテル」と言われた往年の豪華車両は寝台特急の運用から次々と退いていった。そして東京～大阪間に存続していた急行へ活路を見い出していた。◎1978(昭和53)年6月18日

始発駅の新大阪へ向けて回送される特急「はまかぜ」。沿線の木立が青々と茂る初夏の東海道本線茨木付近を行く。使用車両は1982（昭和57）年より、キハ82系から強力型のキハ181系に代わった。◎1983（昭和58）年5月23日

沿線に続く桜並木が青葉の装いとなった東海道本線茨木付近を走る583系の特急「雷鳥」。世界初の寝台電車は登場から歳月を経て、有効活用すべく昼夜に亘って特急仕業に就いていた。

1章 東海道本線、北陸本線の沿線【東海道本線】

東海道本線の京阪間を走る153系急行「比叡」。名古屋〜大阪間を結ぶ列車で東海道新幹線の開業後も準急、急行として存続した。本列車が撮影された1975年には2往復の運転だった。
◎1975（昭和50）年7月

大阪を目指して東海道本線茨木～千里丘間を行く165系の急行列車。昭和50年代に入ると急行は同じ経路を走る特急に統合される傾向が強くなっていた。1両のグリーン車こそ連結されているものの、ヘッドマークの無い先頭車は心なしか寂し気だ。

東海道本線吹田～東淀川間で緩行線を行く72系。ぶどう色に塗られた姿からは旧型国電の雰囲気が漂う。しかし運転台周り等の表情からは、後の101系等に通じる近代型車両へ続く系譜の片鱗を窺い知ることができた。

東海道本線岸辺付近を終点大阪へ急ぐ特急「スーパー雷鳥」。運転当初は車体の改造を受けていないクハ481を大阪方に連結していた。しかし、塗装の変更で車両の表情は原色と比べて異なる。
◎1990(平成2)年4月30日

頭上に信号機が並ぶ東海道本線岸辺～千里丘間を行く72系。都市部の72系は101系、103系が登場すると近郊路線等へ転属するものが多かった。そんな中で東海道緩行線では、昭和50年代初頭まで、茶色い電車の姿を見ることができた。◎1975(昭和50)年8月9日

快速線を行く221系の「新快速」と、緩行線を行く201系の普通列車が並走して岸辺駅にやって来た。普通は当駅で停車。一方「新快速」は、柵で閉鎖された隣の1番線ホームを若干減速しつつ通過して行く。◎1990(平成2)年4月30日

白い車体の冷蔵車を連ねた鮮魚列車は昭和50年代まで東海道、山陽本線や東北本線等で見ることができた。コンテナ車が台頭していた特急貨物列車の中でも、個性的な専用車両が異彩を放っていた。牽引するのは強力機EF66だ。◎1990(平成2)年5月3日

連なるコンテナには赤文字で旧国鉄を表すJNRマークが記載されている。機関車の次位に緩急車を連結した、国鉄時代らしいいで立ちの列車だ。EF81が牽引するコンテナ列車は、山科から湖西線へ入る。◎1982(昭和57)年7月31日

荷物車で組成された荷物列車は1986(昭和61)年まで、主に旧国鉄の幹線系路線で運転されていた。東海道、山陽本線では優等列車牽引から退いた、EF58に残された定期運用となっていた。◎1983(昭和58)年12月9日

吹田工場付近を行く205系の普通列車。旧国鉄時代末期になると沿線の架線柱は、木製からコンクリート製のものに取り換えられる区間が増えた。架線を吊るすビームも新調されている。◎1987(昭和62)年1月31日

吹田機関区では夏休み等の催事として、機関車を並べた撮影会が古くから行われてきた。EF65 1000番台、66、81の1号機はいずれも当時の現役機。特急塗装のEF60 501号機は保存を前提として塗り替えられた姿だ。◎1985(昭和60)年8月25日

吹田工場に入ったクモハ105。105系となって間もない美しい姿だ。500番台車は103系電車のモハ102形1000番台車、モハ103形から改造された。桜井線、和歌山線等用として奈良電車区に24両を配置した。◎1984(昭和59)年5月18日

東海道本線千里丘〜茨木間で共演する485系の特急「雷鳥」と、緩行線を行く205系の普通列車。茨木駅が近くなり、普通列車は減速し始めた側を、特急が抜き去ろうとしている瞬間だ。
◎1987(昭和62)年6月7日

201系の京都行き普通列車が東海道本線東淀川駅へ入って行く。運転室の窓際には鞄や赤と緑の小旗等、車掌の携行品が置かれている。旧国鉄時代には職員の鞄にJNRマークがプリントされていた。

貨物線としての機能の他、大阪市の北部を尼崎に向かう短絡線という性格を持ち合わせる北方貨物線。新大阪駅付近の急曲線上を、キハ26、55等の準急型気動車で編成された列車が走って行った。◎1976(昭和51)年5月5日

淀川を渡れば終点は間近だ。EF81が寝台特急「日本海」を牽引して東海道本線新大阪〜大阪間を行く。ブルートレインの牽引機が掲出するヘッドマークが一部を除いて廃止されて、列車の華やかさが少々削がれていた時代の一コマ。

若番のEF81がコンテナ車を牽引して、東海道本線から分岐した北方貨物線を走って来た。湖西線から東海道へ乗り入れる北陸筋の列車だろう。直流電化区間では、交直両用機もパンタグラフを2丁上げている。
◎1991(平成3)年4月21日

大阪駅の6番線のりばで発車を待つ117系の「新快速」。7番線にも逆方向へ向かう117系が停車している。クリーム地に栗色の帯を巻いたいで立ちは、第二次世界大戦前に「関西急電」で活躍したモハ52を彷彿とさせる。◎1982(昭和57)年7月26日

特急「エーデル鳥取」が東海道本線を行く。山陰本線城崎以西の非電化区間へ乗り入れるために、キハ65を改造した専用車両が登場した。電化区間を含めて全て気動車単独の編成で運転された。◎1989(平成元)年4月9日

尼崎駅を発車する8両編成のキハ47。福知山線が非電化であった時代には、朝夕の通勤通学列車が客車、気動車で仕立てられた。当駅を経由して東海道本線へ入り、大阪駅まで乗り入れていた。

スラブ軌道の東海道本線六甲道付近を終点新大阪へ急ぐ583系の特急「彗星」。1975年3月10日のダイヤ改正で、当時3往復設定されていた「彗星」のうち大分発着の1往復が電車化された。◎1980(昭和55)年5月17日

1984(昭和59)年2月1日のダイヤ改正より、西鹿児島発着の寝台特急「明星」と大阪〜鳥栖間を併結運転することとなった特急「あかつき」。併結区間では両列車の名称が記載されたヘッドマークを掲出した。◎1986(昭和61)年4月12日

芦屋駅を出発した所で貨物列車を抜き去った153系「新快速」。塗装変更で印象は大きく変わったとはいえ、速達運用を難なくこなす姿からは、優等列車用車両らしい威厳が漂っていた。◎1972(昭和47)年9月27日

東海道新幹線の開業により、田町区から向日町運転所へ転属した151系は、順次181系に改造された。1973(昭和48)年に新潟、長野地区へ転属するまでの間、それらは山陽特急に充当された。◎1972(昭和47)年9月27日

Tokaido Shinkansen
東海道新幹線 とうかいどうしんかんせん

区間 ▶ 東京～新大阪
駅数 ▶ 17駅
全通年月日 ▶ 1964年10月1日
路線距離 ▶ 515.4km
線路数 ▶ 複線
最高速度 ▶ 285km/h

1957（昭和32）年5月30日	鉄道技術研究所の講演会で「超特急列車　東京大阪間3時間運転の可能性」が公表される。
1959（昭和34）年4月20日	新丹那トンネル東口で東海道新幹線の起工式が行われる。
1962（昭和37）年6月20日	高速試験車両1000形電車6両の整備が完了する。
1964（昭和39）年7月7日	公募された列車愛称が決定。超特急が「ひかり」、特急が「こだま」となる。
1964（昭和39）年10月1日	東海道新幹線東京～新大阪間が開業する。
1965（昭和40）年5月7日	初めて新幹線を使用したお召列車が運転される。
1970（昭和45）年3月14日	大阪府吹田市で日本万国博覧会が開幕。新幹線は閉幕までに約1000万人を輸送し、「動くパビリオン」と呼ばれる。
1985（昭和60）年3月14日	約20年ぶりの速度向上が実施され、東京～新大阪間が最速3時間8分の運転となる。
1992（平成4）年3月14日	300系「のぞみ」2往復が運転を開始。東京～新大阪間を2時間30分で結ぶ。
1997（平成9）年11月29日	500系「のぞみ」による東京～博多間の直通運転が開始する。
2015（平成27）年3月14日	「のぞみ」の一部列車で285km/h運転を開始し、東京～新大阪間が最速2時間22分に短縮。

京都〜大阪間の鳥飼車両基地付近を行く新幹線0系。周辺は車両所や工場が広がる東海道新幹線の要所である。その一方、安威川沿いの沿線には僅かに田畑が残り、訪れた折には菜の花が咲き誇っていた。◎1964(昭和39)年6月

開業時の姿を彷彿とさせる広窓の新幹線0系編成が京阪間を行く。昭和50年代に入っても相変わらず0系の独壇場だった東海道新幹線に対して、沿線には10階建て以上のマンションが建ち並び、景色を一変させつつあった。◎1982(昭和57)年9月

39

Hokuriku Line
北陸本線 ほくりくほんせん

区間 ▶ 米原〜金沢
駅数 ▶ 47駅
全通年月日 ▶ 1882年3月10日
路線距離 ▶ 176.6km
線路数 ▶ 複線
最高速度 ▶ 130km/h

1957（昭和32）年10月1日	米原〜田村間の複線化と田村〜敦賀間（新線経由）の交流電化を実施する。
1961（昭和36）年7月31日	北陸トンネルが貫通する。
1961（昭和36）年10月1日	大阪〜青森・上野間の気動車特急「白鳥」が運転を開始する。
1962（昭和37）年6月10日	敦賀〜今庄間の北陸トンネル経由の新線が、複線電化で開業。南今庄駅が開業。旧線上の新保、杉津、大桐の各駅が廃止される
1963（昭和38）年10月1日	柳ヶ瀬線の疋田〜敦賀間を休止する。
1964（昭和39）年12月25日	大阪〜富山間で特急「雷鳥」、名古屋〜富山間で特急「しらさぎ」が運転を開始する。
1968（昭和43）年10月1日	米原〜金沢間で時速120km運転を開始し、大阪〜金沢間の所要時間は3時間27分に短縮。大阪〜青森間に寝台特急「日本海」を新設、急行「日本海」を「きたぐに」と改称。
1974（昭和49）年7月20日	湖西線の山科〜近江塩津間が開業する。
1986（昭和61）年11月1日	速度向上で特急「雷鳥」の大阪〜金沢間の所要時間が2時間52分になる。
1989（平成1）年3月11日	最高時速を130kmに向上した特急「スーパー雷鳥」が運転を開始する。
1995（平成7）年4月20日	大阪〜富山・和倉温泉間で特急「スーパー雷鳥（サンダーバード）」が運転を開始する。

「TOWNトレイン」のヘッドマークを付けた419系の普通列車が、河毛〜高月間の築堤を駆け抜ける。
◎1990(平成2)年5月4日　撮影:安田就視

刈り取りの終わった田んぼに腰かけて、米原からやって来る特急「しらさぎ」を待った。青空の向うからホイッスルが聞こえて、低い築堤上に485系が姿を見せた。旧国鉄特急色が凛々しく映る。◎1977(昭和52)年10月20日

背景には夏空の下で伊吹山がくっきりと稜線を横たえている。交直接続の任をDD50から受け継いだDE10が、貨物列車を率いて北陸本線田村付近を行く。◎1978(昭和53)年8月14日

1章 東海道本線、北陸本線の沿線【北陸本線】 43

北陸本線新疋田〜敦賀間の下り線を行く485系の特急「雷鳥」。クハ481の運転室下にJNRマークを着けた旧国鉄時代の姿だ。先頭車、食堂車は屋上にキノコ型クーラーを搭載した、初期型車が組み込まれている。◎1986(昭和61)年8月17日

北陸本線新疋田〜敦賀間を行く特急「白鳥」。今日は上沼垂色の485系が充当されている。旧国鉄末期に特急用車両の受け持ちが向日町から上沼垂に移管され、白地に青い塗り分けを施された編成を「白鳥」でも度々見掛けたものだ。◎1992(平成4)年12月27日

深い緑の森に真っ赤な車体が映える419系。客車で運転していた北陸本線の普通列車を電車化するために、寝台特急用電車の581、583系を改造した車両だ。北陸本線には直流、交流区間が混在するので、種車の交直流両用機能は存置された。◎1986(昭和61)年8月17日

1章 東海道本線、北陸本線の沿線【北陸本線】

北陸本線の山越区間である敦賀〜新疋田間を行く583系の特急「雷鳥」。昭和末期より寝台特急の削減で専用電車がダブつき気味になると、運用の合間を縫うかのように581、583系が昼行列車に充当された。
◎1991(平成3)年11月3日

北陸本線敦賀〜新疋田間を行く485系の特急「しらさぎ」。東海道、北陸本線を経由して名古屋と金沢、富山等、北陸地方の主要都市を結ぶ列車だった。北陸新幹線の金沢延伸開業以降、運転区間は名古屋〜金沢間となった。◎1986(昭和61)年8月17日

交流電化区間の大型機。EF70がループ線を回って北陸本線敦賀〜新疋田間の上り線を行く。列車の背後にループ線のトンネル出口が遠望される。斜面の木々は植林から数年間を経て成長著しい様子だ。
◎1974(昭和49)年6月19日

山間部となる新圧田の周辺では、日に日に秋の気配が深まりつつあった。僅かに実を付けた柿の木やススキに見送られて、小振りなヘッドマークを掲出した急行列車が、下り線を軽快に駆けて行った。◎1982(昭和57)年10月30日

グリーン車のキロ28を編成に組み込んだ気動車列車は急行「大社」。名古屋と山陰本線の出雲市駅、大社線の大社駅を結び、北陸本線米原〜敦賀間を経由していた。北陸本線敦賀〜新疋田間の下り線を行く。
◎1978(昭和53)年12月16日

1章 東海道本線、北陸本線の沿線【北陸本線】

木々の影が線路に落ち始めた北陸本線敦賀〜新疋田間を行くのは、EF81が牽引する貨物列車だ。昭和50年代の末期には運用範囲の広い交直両用機関車が、北陸路の全域を守備範囲に収めていた。◎1980(昭和55)年5月3日

北陸本線新疋田〜敦賀間の鳩原ループ付近からは木々の間を貫く下り線を眺めることができる。新緑が萌える山並みを背景にして、特急「雷鳥」が眼下を走り抜けた。この列車は寝台電車の583系だ。◎1980(昭和55)年5月3日

北陸本線敦賀～新疋田間で、上り線が敷かれた築堤上より隣接する小浜線を望む。一般型気動車のキハ20と急行型のキハ58等を併結した列車が、水の入った田んぼの向うからやって来た。1980(昭和55)年5月3日

Kosei Line
湖西線 こせいせん

区間 ▶ 山科〜近江塩津
駅数 ▶ 21駅
全通年月日 ▶ 1974年7月20日
路線距離 ▶ 74.1km
線路数 ▶ 複線
最高速度 ▶ 130km/h

1961（昭和36）年6月16日	鉄道敷設法の改正により、今津（現・近江今津）〜塩津（現・近江塩津）間が予定線に編入される。
1967（昭和42）年1月12日	湖西線起工式が大津市で開催される。
1969（昭和44）年11月1日	江若鉄道が全線廃止され、近江今津以南の工事が本格化する。
1974（昭和49）年7月20日	山科〜近江塩津間が全線複線電化で開業。電化方式は山科〜永原間が直流、永原〜近江塩津間が交流となる。
1975（昭和50）年3月10日	大阪〜富山間の特急「雷鳥」、急行「立山」などの近畿地方と北陸地方を結ぶ優等列車、貨物列車の大半が湖西線経由に変更される。
1985（昭和60）年11月26日	381系の高速試験運転で時速179.5kmを記録する。
1991（平成3）年9月	近江今津以北の普通列車が電車化される。
2006（平成18）年9月24日	永原〜近江塩津間が直流化。全線の電化方式が直流に統一される。
1994（平成6）年12月3日	山陽本線上郡〜因美線智頭間を結ぶ智頭急行智頭線が開業する。
1996（平成8）年3月16日	園部〜綾部間が電化。京都〜城崎間で「きのさき」、京都〜天橋立間で「はしだて」、京都〜福知山間で「たんば」の電車特急が運転を開始する。

高規格路線の湖西線は、多くの区間が高架橋や高い築堤で占められている。それでも琵琶湖畔の風景は四季の移ろいを車窓に伝えて来る。初夏の花々に見送られて、485系の特急「雷鳥」が視界を横切って行った。◎和邇付近　1975（昭和50）年5月25日

大型のヘッドマークを掲げた「新快速」が湖西線和邇付近を行く。東海道、山陽本線で運転されていた列車だが、湖西線が開業すると一部が堅田駅まで乗り入れるようになった。また、行楽期には近江今津まで延長運転された。◎1974（昭和49）年9月22日

田園地帯の中を横切る高い高架橋は、新たな特急街道として建設された湖西線らしい佇まいだ。旧国鉄時代の普通列車は、東海道本線と同じ湘南色の113系だった。背後には比良山系の稜線がそびえる。
◎1978(昭和53)年4月8日

Kusatsu Line
草津線 くさつせん

区間▶柘植〜草津
駅数▶11駅
全通年月日▶1889年12月15日
路線距離▶36.7km
線路数▶単線
最高速度▶95km/h

1956(昭和31)年11月19日	東海道本線電化により、非電化の草津線へ乗り入れる列車は京都発着から草津発着に。
1957(昭和32)年2月	草津線の全線に気動車が導入される。
1961(昭和36)年3月1日	気動車準急「鳥羽」「勝浦」が運転開始。京都〜鳥羽間の「鳥羽」と京都〜紀伊勝浦間の「勝浦」が多気まで併結され、草津線を経由することに。
1962(昭和37)年5月1日	草津線経由で気動車準急「平安」が運転を開始。京都〜桑名・名古屋を結ぶようになる。
1966(昭和41)年3月5日	準急「志摩」「くまの」「平安」が急行に格上げされる。
1970(昭和45)年10月	草津駅の改良工事により、草津線と東海道本線が立体交差化される。草津線の線路が一部付け替えられ高架化される。
1972(昭和47)年10月1日	蒸気機関車がこの日限りで引退する。
1980(昭和55)年3月3日	草津線全線の電化が完成する。
1986(昭和61)年11月1日	急行「志摩」が廃止され、草津線から優等列車の定期運転がなくなる。

電化後の草津線には、大部分の列車が電車化された中で50系の客車列車が残っていた。朝に2本の京都行、夕刻に1本の柘植行きがあった。いずれも京都への通勤通学客を見込んだ列車で、10両の長大編成をDD51が牽引した。◎寺庄〜甲賀　1983(昭和58)年9月8日　撮影：安田就視

古くから東海道本線より乗り入れる列車が設定されていた草津線は、1980年3月3日に全線が電化開業した。113系等の近郊型電車が普通列車として入線。幕表示は赤字の目立つものが入っている。◎柘植　1980(昭和55)年5月24日

三重県の伊賀とともに忍者の里として知られる、滋賀県甲賀町(現・甲賀市)内にある草津線の駅甲賀(こうか)。木造駅舎時代の出入り口付近には売店がある。京都、草津への通勤圏らしく、ラックに重ねられた新聞、雑誌等が見える。◎1982(昭和57)年8月　撮影：安田就視

旧国鉄と近江鉄道の共同使用駅だった時代の草津線貴生川駅舎。当駅を起点とする信楽線は、1987(昭和57)年に第三セクター鉄道の信楽高原鐵道へ転換され、現在は構内で3社の列車が顔を合わせる。◎1982(昭和57)年8月　撮影：安田就視

1980(昭和55)年3月の草津線全線電化を控え、本線上の電化設備は全て完成していた。草津線での運用はあと僅かとなった気動車列車が貴生川〜三雲間を行く。キンと冷えた朝、田圃の土には霜が降りていた。◎1980(昭和55)年1月9日　撮影：安田就視

Shigaraki Line
信楽線　しがらきせん

区間 ▶ 貴生川～信楽
駅数 ▶ 6駅
全通年月日 ▶ 1933年5月8日
路線距離 ▶ 14.7km
線路数 ▶ 単線

1943（昭和18）年10月1日	戦時下で「不要不急路線」とされた信楽線が休止となる。
1947（昭和22）年7月25日	信楽線の運転が再開される。
1987（昭和62）年7月13日	信楽線が第三セクターの信楽高原鐵道に転換される。
1991（平成3）年5月14日	草津線から信楽高原鐵道に直通運転していたJR西日本の臨時快速列車「世界陶芸祭しがらき号」が、信楽高原鐵道の普通列車と正面衝突する。

旧国鉄時代の信楽線（現・信楽高原鐵道信楽線）は、起点の貴生川駅から次駅の雲井まで10キロメートル以上の距離があった。山間部へ向かって延々と続く築堤には急勾配区間が多く、C58は短編成の貨物列車にも関わらず、煙をたなびかせて上って行った。◎1972（昭和47）年12月3日

信楽焼の里、滋賀県信楽町の玄関口である信楽線信楽駅。国鉄時代には小ぢんまりとした木造駅舎があった。その傍らには当時からタヌキの焼き物が据えられ、遠来の鉄道利用客を出迎えていた。◎1981(昭和56)年8月19日　撮影:安田就視

高い築堤から水口町内の農村部を見下ろしながら、雲井へ向かう信楽線の列車。旧国鉄時代には急勾配区間に備え、キハ52やキハ53等の2エンジンを搭載した気動車が用いられてきた。◎1980(昭和55)年1月9日　撮影:安田就視

信楽線の勅旨付近では、大戸川の向うに国道が並行する。焼き物の里らしく、沿道には信楽焼の直販所や土産物店がある。笠を被った狸の置物は当地を代表する特産品。今日も店先から列車を見送っていた。◎1983(昭和58)年9月7日　撮影：安田就視

貴生川から山沿いの急坂を上って来たキハ53単行の普通列車。勅旨を過ぎると沿線には田園風景が広がった。冬枯れの中で唸りを上げ続けたエンジンの音色も軽やかに変わった。終点信楽まであと僅かだ。◎信楽～勅旨　1980(昭和55)年1月9日　撮影：安田就視

Nara Line
奈良線 ならせん

区間 ▶ 木津〜京都
駅数 ▶ 19駅
全通年月日 ▶ 1879年8月18日
路線距離 ▶ 34.7km
線路数 ▶ 複線(新田駅−宇治駅間、JR藤森駅−京都駅間)、単線(上記以外)
最高速度 ▶ 110km/h

1954(昭和29)年3月	奈良線にディーゼルカーが導入される。
1957(昭和32)年12月27日	東福寺駅が開業し、京阪電鉄と接続する。
1962(昭和37)年3月1日	京都〜白浜口(現・白浜)間で気動車準急「はまゆう」が運転を開始する。
1968(昭和43)年10月1日	「はまゆう」が「しらはま」に改称される。
1971(昭和46)年10月	奈良線から蒸気機関車が引退する。
1980(昭和55)年10月1日	急行「しらはま」が廃止。運転区間を京都〜和歌山間に短縮した急行「紀ノ川」が運転開始。
1984(昭和59)年10月1日	京都〜奈良間が電化される。急行「紀ノ川」が廃止される。
1991(平成3)年3月16日	京都〜奈良間で快速列車が運転を開始する。
2001(平成13)年3月3日	京都〜JR藤森間、宇治〜新田間が複線化。みやこ路快速・区間快速が運転を開始する。

近代的な装いの現京都駅ビルを背景にして、東海道本線と奈良線の列車がホームを離れて行った。113系に103系といずれも旧国鉄型の車両。113系はオリジナルの湘南色を纏う。奥のホーム上には381系「くろしお」が停車している。◎1997(平成9)年11月24日 撮影:安田就視

京都府宇治市内を流れる宇治川。黄檗〜宇治間に架かる奈良線の橋梁は、プレートガターの簡潔な構造である。非電化時代より列車を眺めるには好都合な場所だった。夕立の後か、この日の川は増水していた。◎1980（昭和55）年8月21日　撮影：安田就視

伏見稲荷大社の境内と対峙する奈良線稲荷駅舎。1935（昭和10）年に竣工したコンクリート造の駅舎は今日まで現役だ。但し、昭和50年代には今のような神社を模した紅白の塗装は施されておらず、極普通の小駅という風情を湛えていた。◎1982（昭和57）年8月　撮影：安田就視

平等院に代表される人気の観光地である京都府宇治市。国鉄奈良線の駅である宇治は市街地とユニチカ等の工場が建ち並ぶ工業地帯を線路が隔てる場所にあった。かつての駅前は空き地が目立つ閑散とした様子だった。◎1982（昭和57）年8月　撮影：安田就視

1章 東海道本線、北陸本線の沿線【奈良線】　67

古代から綿々と続く歴史が息づく街の玄関口として、寺院を想わせる荘厳な造りで広く愛されてきた旧奈良駅舎。1934(昭和9)年に竣工した二代目だった。現在も市の総合案内所として麗姿を留めている。◎1979(昭和54)年3月24日　撮影：安田就視

電化後の奈良線で普通列車の運用に就く103系。4両の身軽な編成で京都と奈良、二つの古都を結ぶ。車体の塗装は関西本線等で用いられたものと同じく、発祥の地、東京の山手線と同じウグイス色である。◎上狛〜棚倉　1998(平成10)年11月　撮影:安田就視

非電化時代の奈良線木津〜奈良間を行く気動車列車。昭和50年代に入ると一般型気動車の塗装は首都圏色への塗り替えが進められていった。編成の中間に入るキハ45は未だ旧国鉄色のままだ。◎1980(昭和55)年8月　撮影:安田就視

Osaka Loop Line
大阪環状線

おおさかかんじょうせん

区間 ▶ 大阪〜大阪
駅数 ▶ 19駅
全通年月日 ▶ 1895年5月28日（城東線）、1898年4月5日（西成線）
路線距離 ▶ 21.7km
線路数 ▶ 複線
最高速度 ▶ 100km/h

1946（昭和21）年3月18日	大阪駅に城東線専用の0番ホームが設置される。
1955（昭和30）年12月	大阪市と国鉄の間で、1959（昭和34）年度末までに環状線を建設することが決定される。
1960（昭和35）年10月1日	城東線に101系電車が投入される。
1961（昭和36）年4月25日	城東線、西成線、西九条〜今宮間の高架新線、関西本線今宮〜天王寺間を統合して大阪環状線が全線開業する。西九条〜天王寺〜大阪〜西九条〜桜島間で運転を開始。
1961（昭和36）年11月	大阪環状線の電車が、ほぼ101系電車に置き換えられ、すべて6両編成となる。
1962（昭和37）年1月21日	弁天町駅の高架下に交通科学館（現・交通科学博物館）が開館する。
1969（昭和44）年12月10日	103系電車が運転を開始する。
1979（昭和54）年10月	大阪環状線電車から101系電車が引退する。
1984（昭和59）年2月1日	貨物支線野田〜大阪市場間、浪速〜大阪港間、浪速〜大阪東港間がそれぞれ廃止される。
1989（平成1）年7月20日	天王寺駅構内に関西本線と阪和線を結ぶ連絡線が開通。この連絡線を利用して紀勢本線の特急「スーパーくろしお」などが大阪環状線・梅田貨物線経由で新大阪・京都まで直通運転を開始する。
1994（平成6）年9月4日	関西国際空港の開港に伴い、京都〜関西空港間で特急「はるか」が、京橋〜関西空港間で「関空快速」が運転を開始する。
2005（平成17）年12月15日	201系電車が運転を開始する。
2008（平成20）年3月15日	天王寺駅構内の関西本線と阪和線を結ぶ連絡線が複線化。17日から大阪環状線内各駅停車となる阪和線からの「直通快速」が運転を開始する。

大阪環状線の桜ノ宮近くを流れる大川に架かるトラス橋を103系が渡って行く。橋の下では艀を牽く小舟が足早に通って行った。水の都と異名をとる街を結ぶ環状線は、途中6か所で川を渡る。◎1984（昭和59）年1月29日　撮影：安田就視

大阪環状線森ノ宮。画面左手上に見える高架道路は阪神高速道路で、その先に環状線の電車基地である森ノ宮電車区（現・吹田総合車両所森ノ宮支区）が広がっている。駅の出入り口付近に地下鉄中央線の出入り口がある。◎1982（昭和57）年8月　撮影：安田就視

駅の北側に天満市場がある大阪環状線天満。市場とアーケードで被われた天神橋筋商店街の間は雑多な商店が並ぶ古くからの商業地域である。また、駅周辺には飲食店も多く、地域住民等にとって憩いの場となっている。◎1982（昭和57）年8月　撮影：安田就視

現在の都会的な設えとは対照的に、どこかおおらかさを感じる駅前風景があった昭和50年代の大阪環状線京橋界隈。当時から京阪本線との連絡駅であり、駅の看板には控えめながら「国鉄」と明記されていた。◎1982（昭和57）年8月　撮影：安田就視

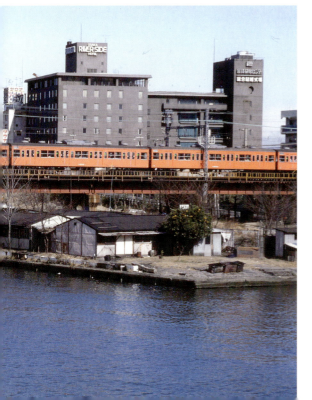

昭和30年代より駅ビルが建てられてきた天王寺。地域の象徴的存在として商業施設等が入り、対面する近畿日本鉄道の大阪阿部野橋駅がある、あべの百貨店（現・あべのハルカス）とともに地域の活性化へ貢献してきた。◎1982（昭和57）年8月　撮影：安田就視

大阪環状線弁天町駅に隣接していた交通科学館(後の交通科学博物館)。屋外には愛好家の心をくすぐる車両が多数展示されていた。京都の梅小路蒸気機関車館(現・京都鉄道博物館)の改修、拡張に伴い2014(平成26)年4月6日に閉館。◎1987(昭和62)年1月24日

交通科学館に展示されていた古典蒸気機関車2両。1801号機はイギリス製。233号機は国産初の量産機だった230形の内の1両である。ともに明治時代に製造され鉄道記念物に指定されている。現在は京都鉄道博物館で保存展示中。◎1987(昭和62)年1月24日

環状運転が成立してから半世紀以上が経過した大阪環状線。当初は101系が投入され、その後103系、201系と車両の変遷があった。現在は323系への置き換えが急ピッチで進められており、いよいよ国鉄型が一掃される。◎撮影：野口昭雄

大阪環状線天満に入線する天王寺行きの103系。環状線で運転される普通列車には環状運転を行うものの他に天王寺〜京橋〜大阪間の区間列車や京橋発着、大阪城公園発となる列車がある。◎1984(昭和59)年1月29日　撮影：安田就視

ヘッドマークを掲出して大阪環状線内を走る列車は、関西本線へ向かう113系の「快速」。天王寺を始発駅とする奈良行きの列車は、反時計回りで環状線内を1周した。天王寺〜福島間では各駅に停車した。◎1983(昭和58)年12月29日

阪神西大阪線(現・なんば線)の西九条駅前。大阪環状線の駅とは出入り口が直角に対峙している。画面奥を横切る高架は大阪環状線で、オレンジバーミリオン塗装の103系が通過中。通勤型電車の車体は、未だ更新化されていない様子だ。◎1982(昭和57)年8月　撮影:安田就視

年末の貨物駅。正月の運休を控えて留置されている貨車はまばらだった。そんな中で2軸貨車やタンク車等、雑多な車両で組成された列車の先頭にDD51が立ち、冬空の下で発車を待っていた。1983(昭和58)年12月29日

Sakurajima Line
桜島線 さくらじません

区間 ▶ 西九条〜桜島
駅数 ▶ 4駅
全通年月日 ▶ 1898年4月5日
路線距離 ▶ 4.1km
線路数 ▶ 双単線（西九条駅－ユニバーサルシティ駅間）、複線（ユニバーサルシティ駅－桜島駅間）
最高速度 ▶ 95km/h

1961（昭和36）年4月25日	大阪環状線の全線開通により、西九条〜桜島間と貨物支線が桜島線となる。
1966（昭和41）年3月1日	桜島駅が安治川口寄りに約500m移転する。
1969（昭和44）年10月	蒸気機関車の運転が終了する。
1982（昭和57）年11月15日	安治川口〜大阪北港間を廃止。安治川口の側線扱いとなる。
1994（平成6）年1月	ユニバーサル・スタジオが桜島駅周辺の工場跡地に進出することが決定される。
1999（平成11）年4月1日	ユニバーサル・スタジオ・ジャパンの建設に合わせて安治川口〜桜島間を新線に切り替えて複線化し、桜島駅を移転する。
2001（平成13）年3月1日	ユニバーサルシティ駅が開業。JRゆめ咲線の愛称が付く。
2004（平成16）年3月13日	東京貨物ターミナル〜安治川口間に、貨物電車「スーパーレールカーゴ」が運転開始。

桜島線は大阪環状線西九条から分岐する4.1キロメートルの盲腸線。終点駅の桜島は、大阪港に出入りする船舶と、鉄道貨物輸送の接点として重責を担ってきた。昭和40年代の駅舎は武骨なコンクリート造りだった。◎1974(昭和49)年1月10日 撮影:安田就視

安治川は河口付近で幅が広くなる辺りで、北東方向より近づいてくる六軒屋川と合流する。桜島線は西九条〜安治川口間で六軒屋川を渡る。橋梁の下を小舟が行き交うため、橋桁には「けたに注意」と描かれた看板がいくつも掲げられている。◎1984(昭和59)年1月29日 撮影:安田就視

Katamachi Line
片町線 かたまちせん

区間▶木津〜京橋
駅数▶24駅
全通年月日▶1895年8月22日
路線距離▶44.8km
線路数▶複線(松井山手駅－京橋駅間)、単線(左記以外)
最高速度▶110km/h

1950(昭和25)年12月25日		四條畷〜長尾間が電化される。
1951(昭和26)年10月18日		長尾〜津田間でディーゼルカーの運転を開始する。
1972(昭和47)年3月14日		蒸気機関車の運転が終了する。
1977(昭和52)年3月15日		旧型電車が引退し、全面的に新性能電車が投入される。
1988(昭和63)年3月13日		学研都市線の愛称が付けられる。快速電車が運転を開始する。
1989(平成元)年3月11日		松井山手駅が開業。長尾〜木津間が電化、松井山手〜長尾間が複線化される。
1997(平成9)年3月8日		JR東西線開業により京橋〜片町間が廃止。福知山線・東海道本線との直通運転を開始。田辺駅を京田辺駅、上田辺駅をJR三山木駅に改称。
2006(平成18)年12月24日		大阪市営地下鉄今里筋線が井高野〜今里間で開業、鴫野で片町線と連絡する。
2008(平成20)年3月15日		おおさか東線の放出〜久宝寺間が開業する。

片町線で運転される電車の基地となっていた淀川電車区。片町〜四条畷間の電化開業に伴い、1932年に大阪地区で最初に開設された旧国鉄の電車区だった。1985年に施設が都島区から東大阪市へ移転した。◎1976(昭和51)年12月18日

片町線放出にクハ79を先頭にした72系電車が入って来た。第二次世界大戦直後より酷使されてきた車両であり、先頭車の客室扉は新しいものに交換されている。駅構内には真新しいコンクリート製の架線柱が目立つ。◎1975(昭和50)年7月7日

四条畷駅は片町線が最初に電化された区間の東端だった。1950年に当駅〜長尾間が電化された後も、片町との間に区間列車が多く設定されていた。ホーム2面3線時代の3番線のりばで72系が発車を待つ。

雑多な形式が連結された編成は、片町線で見られる旧型国電の魅力だった。最後尾のクハ79 055は改造等に伴いクハ58からクハ85、クハ79と改番された車両で、系列としては42系電車に属する。◎1975(昭和50)年7月19日

片町線の河内磐船付近を行く101系。多種多様な形式が集まっていた旧型国電を置き換えるべく、1976(昭和51)年に投入された。車体の色は中央本線等と同じオレンジバーミリオンだ。◎1976(昭和51)年7月25日

橋上駅舎化後の片町線四条畷。長尾まで電化区間が延伸された後も、構内の施設は長らく地上に置かれていた。しかし1978(昭和53)年に駅構内の改築工事が竣工し、ホームが2面4線に拡張されたとともに駅舎も刷新した。◎1982(昭和57)年8月　撮影：安田就視

片町線京橋付近を行く103系。旧型国電に取って代わり、すっかり同路線の顔となった頃の様子だ。沿線にはマンションが建ち並び、大阪の中心部へ向かう通勤通学路線という雰囲気が漂っている。◎1982(昭和57)年8月22日

2章

関西本線、
紀勢本線の沿線

関西本線、桜井線、紀勢本線、阪和線、和歌山線

◎紀勢本線

Kansai Line

関西本線 かんさいほんせん

区間▶名古屋～JR難波
駅数▶52駅(貨物駅含む)
全通年月日▶1889年5月14日
路線距離▶174.9km
線路数▶複々線、複線、単線
最高速度▶120km/h

1950(昭和25)年10月1日		東京～名古屋～亀山～湊町・鳥羽間(亀山で分割併合)で夜行急行が運転を開始する。
1955(昭和30)年3月22日		名古屋～湊町間運転の準急1往復に気動車を投入。翌年7月には3往復とも気道車化。
1958(昭和33)年10月1日		名古屋～湊町間の準急を「かすが」と名付けられる。
1959(昭和34)年7月15日		紀勢本線が全線開業。関西本線名古屋～亀山経由、紀勢本線へ向かう列車が多数設定。
1965(昭和40)年3月1日		特急「くろしお」(名古屋～天王寺間)、「あすか」(名古屋～東和歌山間)が運転開始。
1968(昭和43)年10月1日		急行「大和」「伊勢」「那智」を統合し、急行「紀伊」として東京～紀伊勝浦・王寺・鳥羽で運転開始。急行「いすず」が廃止される。
1973(昭和48)年9月20日		奈良～湊町間が電化される。翌月から急行「かすが」が名古屋～奈良間の運転となる。
1973(昭和48)年9月30日		奈良～亀山間で関西本線最後の蒸気機関車が運転される。
1978(昭和53)年10月2日		名古屋～紀伊勝浦間で特急「南紀」が運転を開始する。
1984(昭和59)年2月1日		貨物支線の百済～百済市場間を廃止。特急「紀伊」(東京～紀伊勝浦間)が廃止される。
1988(昭和63)年3月13日		加茂～木津間が電化。湊町～加茂間に「大和路線」の愛称が付けられる
1989(平成元)年4月10日		大阪環状線への直通快速が「大和路快速」となる。
1990(平成2)年3月10日		名古屋～鳥羽間で快速「みえ」が運転を開始する。
2006(平成18)年3月18日		名古屋～奈良間の急行「かすが」が廃止される。

河内堅上付近で関西本線は大和川と国道25号線を跨ぐ。緩い曲線を描く橋梁上を、関西本線の快速列車専用塗色を纏った113系が、奈良↔大阪と記載されたヘッドマークを誇らしげに掲出し疾走して行った。◎1977年10月3日

関西本線河内堅上付近を新製投入されて間もないキハ35、36の2連が行く。同形式の登場で関西本線湊町〜奈良間の列車は気動車化が進んだ。また、非電化路線ながら国電区間並みのフリークエントサービスが実施された。◎1961(昭和36)年12月11日

単線として開業後に複線化された関西本線河内堅上界隈の101系。現在の高井田方にあるトンネルの前後では上下線が若干離れて敷設されている。高井田駅は柏原市郊外部の人口増加に伴って1985年に開業した。撮影時の駅間は河内堅上〜柏原となる。◎1982年10月9日

分割民営化と共にJR西日本が速達便用車両として投入した211系。東海道、山陽本線での「新快速」運用は後継車に譲ったものの、関西本線をはじめとした関西地区の電化路線では今日まで、主力として俊足を誇っている。◎1990(平成2)年7月18日

大和川の渓谷に沿って走る関西本線三郷〜河内堅上間。快速が轟音とともに下部トラス橋を渡って行った。三郷駅は1980 (昭和55) 年の開業。沿線住民の要望に応えて王寺〜河内堅上間に誕生した請願駅だった。◎1982年10月9日

キユニ26を先頭に関西本線王寺付近を行く普通列車。本形式はキハ26 300番台車からの改造車である。改造は1973〜1980年にかけて施工された。側窓に1次車の特徴であるスタンディングウインドウが残る。◎1980年2月24日

2章 関西本線、紀勢本線の沿線【関西本線】 87

旧型客車で仕立てた臨時列車を率いて、奈良運転所所属のD51 940号機が初秋の奈良盆地を快走して行った。当時は奈良周辺の複線区間も非電化で、線路の上には気持ちの良い青空が広がっていた。
◎郡山付近　1972（昭和47）年10月8日

快速の列車名として使用されていた時代の「あすか」。急行型気動車の間にキハ35を挟んだ3両編成である。乗車した車両により片やボックスシート、もう一方はロングシートと、全く異なる旅の気分を味わうこととなる。◎木津付近　1973(昭和48)年5月13日

荷物列車を牽引して関西本線木津駅を発車するD51 718号機。関西本線で活躍した蒸気機関車時代末期のD51としては珍しく、ボイラー上に重油タンクを載せていない。10月には無煙化を控えていた時期だが、構内奥にはD51がもう一両見える。◎1973(昭和48)年5月13日

夏草が線路付近を覆う関西本線木津付近を行く荷物列車。厳しい残暑を凌ぐために、どの車両も窓の一部を開けている。列車の先頭には、除煙板に「翼を広げたカモメ」の装飾を着けたD51 940号機が立つ。◎1973(昭和48)年9月2日

雑多な貨車を連ねてD51が黒煙を燻らせながらやって来た。シリンダーブロック部分は赤茶けて、酷使されている様子を窺える。実り田の中にぽっかりと現れた池は、鏡の世界を創り出していた。◎郡山付近　1972(昭和47)年10月14日

関西本線伊賀上野駅で発車を待つD51 831号機。奈良運転所に所属するD51の中には、1970年代に入ると除煙板にツバメやハト、シカ等の装飾を施した機関車が登場した。本来の貨物仕業のほか「伊賀号」等の臨時列車も牽引した。◎1973(昭和48)年5月13日

実りの秋を迎えた関西本線加茂付近に、戦時型のD51 1054号機が6両編成の旧型客車を従えてやって来た。蒸気機関車全廃を約1カ月後に控え、休日には蒸気機関車牽引の臨時列車が運転されていた。◎1973(昭和48)年9月2日

木津川の岸辺にある関西本線笠置駅の周辺には桜の木が多く植えられている。例年4月中旬には花が満開となり、車窓は一気に華やぐ。クーラーを屋上に載せたキハ28を先頭にした普通列車が木立の下を駆け抜けた。◎1978(昭和53)年4月15日　撮影:安田就視

2章 関西本線、紀勢本線の沿線【関西本線】　95

スイッチバックの構内を持つ関西本線中在家信号場を過ぎれば、急勾配が続く加太峠越えも一段落。荷物車5両は貨物列車と比べれば楽な仕業であろうが、単機牽引のD51は猛然と白煙を噴き上げた。©1972(昭和47)年7月26日

Sakurai Line
桜井線
さくらいせん

区間 ▶ 奈良～高田
駅数 ▶ 14駅
全通年月日 ▶ 1893年5月23日
路線距離 ▶ 29.4km
線路数 ▶ 単線
最高速度 ▶ 85km/h

1966（昭和41）年10月1日	京都・名古屋～白浜間の急行「はまゆう」が桜井線経由に変更される。
1967（昭和42）年10月1日	新宮～名古屋間の急行「はやたま」が桜井線経由に変更される。
1968（昭和43）年10月1日	急行「はまゆう」「はやたま」が京都・名古屋～白浜間の急行「しらはま」に統合される。
1980（昭和55）年3月3日	桜井線の全線が電化される。
1980（昭和55）年10月1日	急行「しらはま」の運転区間が京都～和歌山間に縮小し、「紀ノ川」に改称される。
1983（昭和58）年4月1日	桜井線の貨物営業が廃止される。
1984（昭和59）年10月1日	急行「紀ノ川」が廃止される。
1986（昭和61）年8月1日	蒸気機関車牽引の臨時列車「SL大和路号」が王寺～桜井～奈良間で運転される。
2010（平成22）年3月13日	「万葉まほろば線」の愛称が使用開始される。

桜井線を行く急行「しらはま」。編成の中間にキハ65を挟んでいる。同車両はキハ58よりも強力なエンジンと冷房電源装置を備える。気動車急行の走行性を向上させるために、平坦部を走る列車でもキハ28・58等と併用された。◎柳本～巻向　1980（昭和55）年8月21日　撮影：安田就視

桜井〜三輪間で川幅が狭くなった大和川を渡る普通列車。郵便荷物気動車が先頭に立つ。旧国鉄が1986年9月に郵便輸送から撤退するまで、地方路線でも専用車両が見られる機会は多かった。◎1979(昭和54)年2月5日 撮影：安田就視

三輪明神の名で親しまれている大神神社（おおみわじんじゃ）の最寄り駅である桜井線三輪。普段は長閑な途中駅だが、神社で式典が執り行わる時等には参拝客で賑わう。駅舎の左手に臨時の切符売り場が見える。◎1982(昭和57)年8月　撮影：安田就視

切妻屋根と平屋と2階建ての木造建造物が組み合わされた構造の桜井線旧桜井駅舎。国鉄桜井線と近畿日本鉄道大阪線が乗り入れていた。桜井線は地平ホームで、近鉄ののりばは構内北側に高架ホームがある。◎1982(昭和57)年8月 撮影：安田就視

Kisei Line
紀勢本線 <small>きせいほんせん</small>

区間 ▶ 亀山～和歌山市
駅数 ▶ 96駅
全通年月日 ▶ 1891年8月21日
路線距離 ▶ 384.2km
線路数 ▶ 複線（紀伊田辺駅－和歌山駅）、単線（上記以外）
最高速度 ▶ 130km/h

1950（昭和25）年10月1日	東京～湊町（現・JR難波）・鳥羽間で夜行急行が運転開始。翌月「大和」の名が付く。
1958（昭和33）年12月1日	天王寺～白浜口間で紀勢西線初の気動車優等列車となる準急「きのくに」が運転開始。
1959（昭和34）年7月15日	三木里～新鹿間が延伸開業。紀勢西線・東線を統合、および参宮線亀山～多気（旧・相可口）間を編入し、紀勢本線亀山～和歌山（現・紀和）間が全通する。
1960（昭和35）年6月1日	準急「はやたま」を「南紀」に統合し、天王寺～新宮間準急の愛称として統一される。
1965（昭和40）年3月1日	名古屋～新宮～天王寺間で紀勢本線初の気動車特急「くろしお」が運転を開始する。
1973（昭和48）年9月9日	和歌山～紀伊田辺間でC57 7牽引の「さよならSL南紀」号を運転。翌日に無煙化達成。
1978（昭和53）年10月2日	和歌山～新宮間が電化。特急「くろしお」が電車化される。
1985（昭和60）年3月14日	急行「紀州」「きのくに」「はまゆう」が廃止。南海からの直通列車が終了する。
1989（平成1）年7月22日	京都・新大阪～新宮間に特急「スーパーくろしお」が運転を開始する。
1992（平成4）年3月14日	特急「南紀」にキハ85系が投入される。
2012（平成24）年3月17日	特急に287系が投入（新大阪～白浜間のみ）。「くろしお」に特急列車名を統一。

紀勢本線を行くEF15牽引の貨物列車。貨車に搭載されたコンテナの意匠は似通ったものが多く、コンテナ列車とはいえ旧国鉄時代らしい雰囲気を醸し出している。編成の両端部に連結された車掌車も今日では懐かしい眺めだ。
◎1985（昭和60）年3月10日

背景に海南市の石油工業地帯を望む紀勢本線冷水浦〜加茂郷間。紫紺の海原と好対照をなす明灰色に赤い帯を巻いた113系が現れた。快速色の塗装ながら、和歌山〜御坊間の区間列車だった。◎1982(昭和57)年3月23日

2章 関西本線、紀勢本線の沿線【紀勢本線】 101

電化された紀勢本線には数往復の客車列車が残っていた。竜華機関区に配属されてからは、阪和線等で貨物列車を牽引していたEF58が旧型客車の先頭に立ち、本来の旅客機らしい運用に就いた。
◎1982(昭和57)年3月23日

新緑と紫紺の海原が眩い紀勢本線岩代〜南部間を行く381系の特急「くろしお」。特急「しなの」で鍛えられた振り子電車は、急曲線が多い紀州路へ速度向上を目的として1978(昭和53)年に投入された。
◎1985(昭和60)年7月28日

黒潮打ち寄せる岩代海岸を行く113系。塗装は明灰色に青い帯を巻いた阪和線の快速仕様だ。幕表示には「快速」と記載されているものの、普通列車の運転本数が多いとは言えない紀勢本線内では各駅に停車していた。◎1983(昭和58)年8月7日

御坊駅に停車するDF50 5号機牽引の客車列車。昭和40年代に入ってから紀勢本線和歌山～新宮間が電化されるまでの間、客貨列車の主役は電気式ディーゼル機関車のDF50だった。◎1976(昭和51)年1月24日

旧国鉄時代に紀勢本線の特急列車といえば「くろしお」である。運転当初は天王寺〜名古屋間1往復の運転だった。後に白浜、新宮発着便が設定され、キハ82が充当されていた時代に、最大6往復の運転にまで成長した。
◎1976(昭和51)年1月24日

「快速」の幕表示を掲出し、緩やかな曲線区間をなぞって走る113系。関西本線の快速色を纏った車両が充当されている。阪和線、紀勢本線を経由する天王寺〜紀伊田辺間は、156.8キロメートルの距離がある。
◎1983(昭和58)年8月7日

紀勢本線切目〜岩代間を行く急行「きのくに」。紀勢本線和歌山〜新宮間の電化開業時に特急「くろしお」は電車化された。それに対して急行列車は、引き続きキハ58等の気動車が担当した。

太平洋に面する紀勢本線岩代駅は中線がある、ゆったりとした構内を備える。牽引機のDF50が焼玉エンジンのような音を響かせて、新宮方面行きの客車列車がやって来た。前3両はブドウ色塗装の郵便車と荷物車だ。
◎1976(昭和51)年1月24日

Hanwa Line
阪和線 はんわせん

区間 ▶ 天王寺～和歌山
駅数 ▶ 36駅
全通年月日 ▶ 1929年7月18日
路線距離 ▶ 61.3km
線路数 ▶ 複線
最高速度 ▶ 120km/h

1948（昭和23）年4月20日		天王寺・和歌山市～新宮間で臨時夜行準急が運転を開始する（7月に定期化）。
1949（昭和24）年10月8日		週末に限り天王寺～白浜口間の快速が運転を開始する。翌年10月に「黒潮」の名が復活。
1955（昭和30）年12月8日		特急・急電を中心に70系電車が投入される。
1956（昭和31）年11月19日		天王寺～白浜口間で準急「しらはま」が運転を開始する。
1958（昭和33）年12月1日		天王寺～白浜口間で準急「きのくに」が運転を開始し、阪和線初の気動車優等列車となる。
1965（昭和40）年3月1日		天王寺～新宮～名古屋間で特急「くろしお」、名古屋～八尾～杉本町～東和歌山間で特急「あすか」が運転を開始する。
1968（昭和43）年3月19日		旧阪和電気鉄道の電車がすべて引退する。
1974（昭和49）年7月20日		103系電車が投入され、1977年4月までに旧型国電をすべて置き換えられる。
1978（昭和53）年10月2日		紀勢本線和歌山～新宮間の電化に伴い特急「くろしお」が電車化される。新快速が廃止され、天王寺～御坊・紀伊田辺間を直通する快速に変更となる。
1985（昭和60）年3月14日		急行「きのくに」が廃止され、阪和線の定期急行列車が全廃する。
1999（平成11）年5月10日		京橋・大阪～西九条～天王寺～和歌山間で「紀州路快速」が運転を開始する。

旧型国電が主力であった頃。区間快速には比較的製造年が新しい70系に限らず、多種多様な形式が混在して用いられた。クハ55を先頭にした列車が吊り掛け音も軽やかに、四石山の谷筋から駆け下りて来た。◎1975（昭和50）年6月15日

駅前にたくさんの自転車が留め置かれている阪和線百舌鳥。相対式ホーム2面2線で構内に分岐器等がない簡潔な線路の配線を持つ。いわゆる複線の棒線駅であるが、駅前後の信号機は絶対信号機なので、停留場ではなく駅の扱いである。◎1982（昭和57）年8月　撮影：安田就視

地上駅時代の阪和線鳳。駅舎の出入り口付近には駅名と共に国鉄と大きく書かれた看板が掛かる。2キロメートルほど西方にある南海本線とは異なる路線、駅であることを意識したものだろうか。◎1982（昭和57）年8月　撮影：安田就視

阪和線東羽衣支線の終点東羽衣。東羽衣支線は阪和線の鳳から西に分岐する延長1.7キロメートルの盲腸線だ。手前を走る線路は南海電鉄で、当駅と南海本線、高師浜線が通る羽衣駅とは至近である。◎1982（昭和57）年8月　撮影：安田就視

EF52が貨物列車を牽引して阪和線紀伊～山中渓間を行く。昭和初期に誕生した国産初の大型F級電気機関車は東海道本線、中央東線等で活躍した後、阪和線を終の棲家として1975（昭和50）年まで使用された。◎1973（昭和48）年11月23日

阪和線の急勾配区間に紫煙をなびかせるキハ82系の特急「くろしお」。阪和線は大阪と紀州路を結ぶ観光特急にとって通い慣れた路である。年を追って増発されるに伴い、その姿は頻繁に見ることができた。◎1973(昭和48)年11月23日

阪和自動車道が阪南インターチェンジ～海南インターチェンジ間に開通したのは1974(昭和49)年。大阪府と和歌山県の境界を跨ぐ高速道路は、山中渓付近で阪和線の頭上を悠々と通るようになった。◎1983(昭和58)年1月22日

2章 関西本線、紀勢本線の沿線【阪和線】 113

昭和50年代末期までは、愛好家の間で「動く電車博物館」と言われていた阪和線。雑多な旧型国電が延長60キロメートル余りの全区間を往来していた。後ろの3両は阪和色と呼ばれる朱色を纏い、先頭のクハ70だけが原色といえるスカ色の塗装だ。◎1974(昭和49)年11月30日

阪和線紀伊〜山中渓間をタンク車主体の貨物列車が行く。先頭に立つ機関車はEF15。後部補機を務めるのはEF52だ。いずれも竜華機関区の所属で、当時は関西地区の南部で唯一の電化区間だった阪和線の運用に就いていた。◎1974(昭和49)年11月30日

和歌山市の郊外、阪和線六十谷〜紀伊中ノ島間を行く113系の快速。阪和線の快速色となった明灰色に青い帯を巻いたいで立ちは、海辺を走る紀勢本線でも良く馴染んだ。列車は紀伊田辺と天王寺を結ぶ。◎1982(昭和57)年6月25日

阪和線六十谷〜紀伊中ノ島間には、関西地区有数の大河である紀の川が流れる。長大な橋梁を渡って70系電車の「区間快速」がやって来た。冷房装置が未だ普及していない時代。客室窓の多くは開けられている。◎1975(昭和50)年6月15日

区間快速の列車種別表示板を掲げ、大阪府と和歌山県の境界付近となる阪和線山中渓～紀伊間を走る70系。トンネルの先に見える赤い橋は、1974年10月に開業した阪和自動車道である。
◎1974(昭和49)年2月

阪和線で区間快速と呼ばれる速達列車は1968年に登場。旧型国電から103系へと使用車両は移り変わった。天王寺～鳳間では堺市のみに停車し、鳳～和歌山間は各駅に停車した。1986(昭和61)年以降は三国ケ丘にも停車するようになった。
◎1982(昭和57)年7月4日

阪和線と紀勢本線、和歌山線が出会う和歌山駅。阪和線は天王寺、紀勢本線は亀山、和歌山線は王寺が起点で、当駅は旧国鉄3路線の終点だ。開業以来、駅名は東和歌山だったが、1968(昭和43)年に現駅名へ改称。それまで和歌山を名乗っていた隣駅は紀和となった。◎1982(昭和57)年8月　撮影：安田就視

Wakayama Line
和歌山線 わかやません

区間 ▶ 王寺〜和歌山
駅数 ▶ 36駅
全通年月日 ▶ 1891年3月1日
路線距離 ▶ 87.5km
線路数 ▶ 単線
最高速度 ▶ 85km/h

1962（昭和37）年3月1日	名古屋・京都・天王寺〜東和歌山〜白浜口（現・白浜）間で気動車準急「はまゆう」、名古屋〜王寺〜和歌山〜新宮間で気動車準急「はやたま」が運転を開始する。
1962（昭和37）年3月10日	東京〜湊町（現・JR難波）間の急行「大和」に、王寺で分割・併結して和歌山線を経由する和歌山市発着編成が設定される。
1968（昭和43）年10月1日	「大和」が東京〜奈良・鳥羽・紀伊勝浦間の急行「紀伊」に変更されて和歌山線乗り入れが廃止。「はまゆう」「はやたま」が「しらはま」に統合され、運転区間が名古屋・京都〜白浜間となる。
1980（昭和55）年3月3日	王寺〜五条間が桜井線とともに電化される。
1980（昭和55）年10月1日	「しらはま」の運転区間を京都〜和歌山間に縮小し、「紀ノ川」に改称となる。
1984（昭和59）年10月1日	五条〜和歌山間が電化して全線が電化。急行「紀ノ川」が廃止される。
1996（平成8）年3月16日	関西本線JR難波〜王寺〜高田間を直通する快速列車が運転を開始する。
2007（平成19）年3月18日	北宇智駅が移転し、近畿地方で最後まで残っていた同駅でのスイッチバックが廃止される。

関西本線の動力近代化を図るべく、新製直後に投入されたキハ35・36。関西本線が電化されると周辺路線にまで運用範囲を広げた。比較的路線距離が長い和歌山線でも、電化前には通勤型気動車の姿を日常的に見ることができた。◎大和二見〜隅田　1981（昭和56）年1月19日　撮影：安田就視

旧国鉄和歌山線と南海高野線が連絡する橋本。和歌山線は紀ノ川の流れとともに広い谷筋を和歌山へ向かう。一方、南海の路線は川を渡り、霊峰高野山の懐へ向かって急峻な山路を上って行く。◎1982(昭和57)年8月　撮影：安田就視

和歌山線が紀の川沿いの区間へ入ると、沿線には果樹園が目立ち始める。付近はミカンの産地であり、晩秋に訪れた線路の近くの木々はたわわに実を着けていた。笠田〜西笠田間を行くのは103系から改造された105系の4枚扉車。◎1986(昭和61)年11月　撮影：安田就視

2章 関西本線、紀勢本線の沿線【和歌山線】

和歌山線船戸付近では、紀の川に上部トラスの橋梁が架かる。橋を渡る列車は急行「しらはま」。京都〜東和歌山（現・和歌山）間で運転していた急行「はまゆう」「はやたま」を統合し、ヨンサントウのダイヤ改正で誕生した列車名だった。◎1979（昭和54）年5月6日　撮影：安田就視

2章 関西本線、紀勢本線の沿線【和歌山線】

奈良県下の王寺と和歌山を結ぶ和歌山線は、奈良盆地の南端部に当たる御所を過ぎると山間の風情が強くなる。濃い緑に蔽われた隅田〜大和二見間をキハ35等の気動車列車が行く。築堤下に建つ白壁の蔵は好ましい姿の脇役だ。◎1980（昭和55）年8月　撮影：安田就視

3章
山陽本線、山陰本線の沿線

山陽本線、山陽新幹線、山陰本線、福知山線、播但線
北条線、赤穂線、高砂線、三木線、鍛冶屋線、姫新線

◎福知山線

Sanyo Line
山陽本線 さんようせん

区間▶神戸～門司
駅数▶131駅(貨物駅含む)
全通年月日▶1888年11月1日
路線距離▶534.4km
線路数▶複々線(神戸－西明石間、海田市－広島間)、複線(西明石－海田市間、広島－門司間、うち下関－門司間は単線並列)
　　　　単線(兵庫－和田岬間)
最高速度▶130km/h

1945(昭和20)年11月20日	戦争終結により東京～博多間の急行が運転を開始する。
1956(昭和31)年11月19日	東海道本線の全線電化を受け、東京～博多間で寝台特急「あさかぜ」が運転を開始する。
1964(昭和39)年10月1日	東海道新幹線開業と山陽本線の全線電化に伴うダイヤ改定。新大阪～博多間で特急「つばめ」「はと」、新大阪～下関間で特急「しおじ」などが運転開始。「みどり」の運転区間を新大阪～熊本・大分間に変更、「みずほ」の大分編成が単独運転となり「富士」に改称。
1967(昭和42)年10月1日	新大阪～博多間で特急「月光」が、世界初の寝台電車である581系で運転を開始する。
1972(昭和47)年3月15日	山陽新幹線新大阪～岡山間の開業に伴い、「つばめ」「はと」「月光」を岡山発着に変更。東京～宇野間の急行「瀬戸」を寝台特急に格上げされる。
1975(昭和50)年3月10日	山陽新幹線岡山～博多間の延伸開業に伴い、新大阪・岡山発着優等列車の大部分が廃止。新大阪～下関間(呉線経由)の急行「音戸」を寝台特急「安芸」に格上げされる。
1980(昭和55)年10月1日	関西と九州を結ぶ急行「阿蘇」「雲仙」「西海」等が全廃される。
1988(昭和63)年4月10日	瀬戸大橋の開通に伴い、東京～宇野間の寝台特急「瀬戸」の運転区間が東京～高松間に。
1995(平成7)年1月17日	阪神・淡路大震災が発生。山陽本線は神戸～姫路間と支線兵庫～和田岬間が不通に。
2005(平成17)年3月1日	東京～下関間の寝台特急「あさかぜ」、東京～長崎間の寝台特急「さくら」が廃止。
2009(平成21)年3月14日	東京～熊本・大分間の寝台特急「はやぶさ・富士」が廃止される。

伝統の特急「富士」が山陽本線須磨～塩屋間の海岸沿いを走り抜けて行った。クロ151を先頭にした編成は東京～神戸、宇野間の昼行特急。151系が新幹線開業前の東海道、山陽路で主役を張っていた。◎1962(昭和37)年1月28日

播但線経由で大阪と鳥取方面を結ぶ特急「はまかぜ」。大阪〜姫路間は電車特急に伍して東海道、山陽本線を走行した。昭和40年代から50年代にかけて気動車特急網を構築した功労車であるキハ82系が充当された。◎1974(昭和49)年12月

九州内の電化方式が交流で推進されて以来、関西と九州を結ぶ電車列車には、全運転区間を走破できる交直流両用の車両が用いられた。急行では455系、457系等が活躍。白昼の山陽路を赤13号とクリーム4号の塗装を纏って駆け抜けた。◎1975(昭和50)年2月9日

山陽電鉄との並走区間である山陽本線塩屋付近を行く153系の「新快速」。ブルーライナーは海辺によく馴染む塗色だった。背景に望まれる稜線上には、須磨浦山上公園の回転展望閣やカレーターなどの施設が見える。◎1974(昭和49)年11月23日

山陽本線姫路〜御着間で市川を渡るEF58の1号機。昭和50年代当時は浜松機関区の配置で、荷物列車運用を中心としたロングラン仕業をこなしていた。末期の荷物列車はパレット車や旧型客車が入り混じった雑多な編成だった。◎1984(昭和59)年

山陽本線加古川付近を行くキハ181系の特急「はまかぜ」。ターボ音を響かせ、「新快速」に負けず劣らずの迫力で山陽路を疾走した。屋上一杯に並んだランエーターは長編成でこそ、見ごたえのあるいで立ちとなる。◎1982(昭和57)年11月14日

山陽本線相生付近を行く115系の普通列車。元祖湘南電車の80系が主力となってきた岡山地区だったが、昭和50年代に入ると新型の近郊型電車が投入された。塗装は変わらないものの車内の設えは刷新された。◎1977(昭和52)年10月26日

Sanyo Shinkansen
山陽新幹線 さんようしんかんせん

区間 ▶ 新大阪～博多
駅数 ▶ 19駅
全通年月日 ▶ 1972年3月15日
路線距離 ▶ 553.7km
線路数 ▶ 複線
最高速度 ▶ 300km/h

1967（昭和42）年3月16日	兵庫県赤穂市の帆坂トンネル東口で、山陽新幹線新大阪～岡山間の起工式が挙行。
1970（昭和45）年2月10日	倉敷・広島・下関・北九州の各市で山陽新幹線岡山～博多間の起工式が挙行される。
1972（昭和47）年3月15日	山陽新幹線新大阪～岡山間が開業。新神戸、西明石、姫路、相生の各新幹線駅が開業。
1973（昭和48）年7月17日	山陽新幹線新関門トンネル（全長18713m）が貫通する。
1975（昭和50）年3月10日	山陽新幹線岡山～博多間が延伸開業。新倉敷、福山、三原、広島、新岩国、徳山、小郡（現・新山口）、新下関、小倉の各新幹線駅が開業する。
1992（平成4）年8月8日	JR西日本が製造したWIN350（500系900番台）が、小郡～新下関間で時速350.4kmを記録。
1997（平成9）年3月22日	新大阪～博多間で500系「のぞみ」が最高時速300kmで運転を開始する。
2000（平成12）年3月11日	山陽区間で700系7000番台を使用した8両編成の「ひかりレールスター」が運転開始。
2008（平成20）年12月14日	新大阪～博多間で0系が最後の運転を行う。
1997（平成9）年11月29日	500系「のぞみ」による東京～博多間の直通運転が開始する。

11月ともなれば、温暖な瀬戸内地方も冬型の洗礼を受けることがある。午後になると山側から黒い雨雲が見る見るうちに張り出して来た。加古川橋梁を照らす斜光の中に、博多を目指す「ひかり」が飛び込んで来た。◎1982(昭和57)年11月3日

山陽新幹線の加古川橋梁を渡る0系。客室窓が広い東海道新幹線開業以来の姿だ。グリーン車、ビュッフェ車等を含む16両編成のまま、分割民営化後も主力として平成初期の鉄道動脈を支えた。◎1987(昭和62)年9月5日

Sanin Line
山陰本線 さんいんほんせん

区間 ▶ 京都〜幡生
駅数 ▶ 160駅（支線含む）
全通年月日 ▶ 1897年2月15日
路線距離 ▶ 673.8km
線路数 ▶ 複線（一部区間）、単線
最高速度 ▶ 130km/h

1947（昭和22）年6月29日	大阪〜大社間に準急列車が運転を開始する。
1961（昭和36）年10月1日	山陰本線初の特急「まつかぜ」が京都〜松江間で、急行「三瓶」が大阪〜浜田・大社間で運転を開始する。
1972（昭和47）年3月15日	急行「出雲」が寝台特急に格上げされる。
1972（昭和47）年10月2日	気動車特急「あさしお」が京都〜米子・倉吉・城崎間で運転を開始する。
1974（昭和49）年11月30日	山陰本線における蒸気機関車の通常運転が終了する。
1975（昭和50）年3月10日	寝台特急「いなば」が東京〜米子間で、気動車特急「おき」が鳥取・米子〜小郡（現・新山口）間で運転を開始する。
1986（昭和61）年11月1日	福知山〜城崎間が電化され、電車特急「北近畿」が大阪〜城崎間で運転を開始する。
1990（平成2）年3月10日	京都〜園部間が電化される。
1994（平成6）年12月3日	山陽本線上郡〜因美線智頭間を結ぶ智頭急行智頭線が開業する。
1996（平成8）年3月16日	園部〜綾部間が電化。京都〜城崎間で「きのさき」、京都〜天橋立間で「はしだて」、京都〜福知山間で「たんば」の電車特急が運転を開始する。

客車列車の代替車。旧型気動車の置き換え用として開発されたキハ40、47は1977（昭和52）年に登場。暖地用のキハ47は最初に福知山区へ配属された。山陰本線京都〜福知山間で運用を開始した。◎1984（昭和59）年5月6日

古風な駅舎が健在だった頃の山陰本線二条駅に停車するのはDD51牽引の客車列車。長らく旧型客車で運転されてきた山陰本線の普通列車は、昭和末期に「レッドトレイン」と称された50系に置き換えられた。◎1980（昭和55）年7月29日

保津川の畔から山中を行く山陰本線の普通列車を見上げる。牽引機こそディーゼル機関車に代わったものの、オハフ33やスハフ42を連結した旧型客車の編成は昭和50年代に入っても健在で、汽車旅の面影を強く残していた。◎1984(昭和59)年5月6日

新緑に染まった山陰本線馬堀～保津峡間の旧線部分を行くキハ58等で編成された急行列車。後ろから2両目にグリーン車のキロ28を連結している。1970年代末期からグリーン車の緑帯は撤去され始めた。◎1984(昭和59)年5月6日

昭和50年代末期の園部界隈。線路近くは未だ開けた雰囲気が残っていた。大きな曲線をなぞって急行列車が駅へ入って行く。キハ58等で組成された列車は8両編成。後ろから3両目にキロ28を連結している。◎1984(昭和59)年4月8日

新大阪～豊岡間を第三セクター路線の北近畿タンゴ鉄道宮福線、宮津線経由で運転した特急「タンゴエクスプローラー」。北近畿タンゴ鉄道所有の気動車KTR001形が専用車両だった。車窓に竹林が流れる山陰本線保津峡～嵯峨付近を行く。◎1990(平成2)年5月6日

先頭のキハ25は、客室窓が2段形状のバス窓を備えた初期型。赤とクリーム色の国鉄普通型気動車色で統一した、気動車列車が山陰本線城崎付近を行く。線路に並行して通信施設等を支える木製柱。通称「ハエたたき」が建ち並ぶ。◎1963(昭和38)年11月17日

山陰本線香住付近を行くキハ181系の特急「まつかぜ」。当時、山陰特急の老舗列車は2往復が設定されていた。1982(昭和57)年に鳥取着発の列車が米子へ延長され、同時に使用車両がキハ82系からキハ181系に変更された。◎1982(昭和57)年12月4日

Fukuchiyama Line
福知山線 ふくちやません

区間 ▶ 尼崎～福知山
駅数 ▶ 30駅
全通年月日 ▶ 1891年7月
路線距離 ▶ 106.5km
軌間 ▶ 複線（尼崎駅－篠山口駅間）、単線（上記以外）
最高速度 ▶ 120km/h

1949（昭和24）年1月1日	神崎駅が尼崎駅に、尼ヶ崎駅が尼崎港駅に改称される。
1960（昭和35）年6月1日	大阪～城崎間で気動車準急「丹波」が運転を開始する。
1965（昭和40）年3月1日	大阪～天橋立間で準急「はしだて」が運転を開始する。
1968（昭和43）年10月1日	福知山線経由の急行列車の愛称が、山陰地方向けは「だいせん」に、丹後地方向けは「丹波」に統合される。
1981（昭和56）年4月1日	尼崎～宝塚間の電化と複線化が完成する。
1986（昭和61）年8月1日	宝塚～三田間が新線に切り替わり複線化される。
1986（昭和61）年11月1日	宝塚～福知山間が電化。武田尾駅が新線上の現在地に移転する。山陰本線福知山～城崎間も同時に電化され、大阪～城崎間で電車特急「北近畿」が運転を開始する。
1988（昭和63）年7月16日	宮福鉄道（現・北近畿タンゴ鉄道宮福線）の開業に伴い、新大阪～福知山～天橋立間で特急「エーデル丹後」が運転を開始する。
1997（平成9）年3月8日	新三田～篠山口間の複線化が完成。JR東西線が開業し、福知山線と直通運転を開始する。
1999（平成11）年10月2日	新大阪～久美浜・宮津間で特急「タンゴエクスプローラー」が運転開始。「タンゴディスカバリー」は京都発着の山陰本線経由となる。

尼崎市内で福知山線の末端部にあった尼崎港駅。塚口～当駅間を結ぶ通称尼崎港線1.6キロメートル区間の終点だった。当路線は山陽本線や播但線の支線と同じく貨物輸送主体の路線。旅客営業が1981（昭和56）年に廃止。貨物営業も1984（昭和59）年に廃止された。◎1973（昭和48）年12月5日　撮影：安田就視

福知山線生瀬を通過した急行「白兎」。キハ58は屋上に冷房装置等を搭載していないすっきりとした姿だ。未だ腕木式信号機が多くの駅で使われていた時代。赤い腕の場内信号機と黄色い遠方信号機（通過信号機）が併設されている。◎1962（昭和37）年10月

3章 山陽本線、山陰本線の沿線【福知山線】 139

自身の車体や客車に載せた雪は、冬の終わりを告げる風雪を潜り抜けて来た証しだろうか。晴天下の福知山線川西池田にDD54が入って来た。DD51への置き換えが進み、残った全機が福知山機関区に配置された末期の姿だ。◎1977(昭和52)年3月5日

福知山線新三田は同路線の全線電化開業に伴い1986(昭和61)年に開業した。福知山線のJR宝塚、東西、学研都市線運行管理システムの北限である。真新しい様子の線路構内に、関西本線、阪和線の快速色を纏った113系がいた。◎1987(昭和62)年7月　撮影：安田就視

駅前ロータリーに綺麗に整えられた松の木が植えられていた、地上駅舎時代の福知山線三田。神戸電鉄三田線の終点でもあり、貨物の取り扱いが行われていた時期には両路線を結ぶ連絡線が構内にあった。◎1982（昭和57）年8月　撮影：安田就視

篠山口駅。福知山線の前身である阪鶴鉄道が鉄道建設を目論んだ折には、現在の兵庫県篠山市内西部に路線を通す計画だった。しかし経路が大回りとなることから線路を西寄りに敷設し、旧丹南町内の現所在地に駅を開業した。◎1982（昭和57）年8月　撮影：安田就視

3章 山陽本線、山陰本線の沿線【福知山線】　141

Kakogawa Line
加古川線 かこがわせん

区間▶加古川～谷川
駅数▶21駅
全通年月日▶1924(大正13)年12月27日
路線距離▶48.5km
軌間▶単線
最高速度▶85km/h

1958(昭和33)年6月10日	加古川線の旅客列車がすべて気動車化される。
1972(昭和47)年3月	加古川線から蒸気機関車が引退し、無煙化が達成される。
1981(昭和56)年9月18日	加古川線の支線である高砂線、三木線、北条線の廃止転換のための協議が始まる。
1984(昭和59)年12月1日	高砂線が廃止される。
1985(昭和60)年4月1日	三木線、北条線が廃止。それぞれ第三セクターの三木鉄道、北条鉄道に転換する。
1990(平成2)年4月1日	鍛冶屋線が廃止される。
1995(平成7)年1月17日	阪神・淡路大震災により山陽新幹線・山陽本線が不通となる。加古川線を迂回経路として、多くの臨時列車が運転する。
2004(平成16)年12月19日	全線が電化。加古川駅周辺が高架化される。
2008(平成20)年4月1日	三木鉄道が廃止される。

旧国鉄加古川線、北条線、神戸電鉄粟生線が乗り入れていた粟生駅。北条線が当駅を起点としていたのに対して粟生線では終点。1985(昭和60)年に北条線が第三セクター鉄道の北条鉄道へ転換され、現在は3社の路線が乗り入れる駅となった。◎1990(平成2)年8月20日　撮影:安田就視

非電化時代の加古川線には、山里を結ぶ閑散路線という風情が漂っていた。昭和50年代の末期までは主要な駅で貨物扱いが行われていた。谷川駅の側線にはワム80000等、2軸貨車の姿が見える。◎1980（昭和55）年9月　撮影：安田就視

加古川線が非電化路線であった時代。路線色を纏った単行気動車が日本のへそ公園に停車した。当駅は1985年に比延〜黒田庄間で臨時駅として開業。民営化された年の1987（昭和62）年12月23日に通年営業の駅となった。◎1990（平成2）年8月23日　撮影：安田就視

Bantan Line
播但線　ばんたんせん

区間 ▶ 姫路〜和田山
駅数 ▶ 18駅
全通年月日 ▶ 1894年7月26日
路線距離 ▶ 65.7km
線路数 ▶ 単線
最高速度 ▶ 110km/h

1953(昭和28)年	播但線経由の大阪〜姫路〜城崎間で週末の臨時快速「ゆあみ」が運転を開始する。
1960(昭和35)年10月1日	臨時快速「たじま」が定期準急に格上げして気動車化。運転区間が大阪〜鳥取間に拡大。
1966(昭和41)年3月5日	準急「但馬」が急行に格上げされる。
1972(昭和47)年3月15日	新大阪・大阪〜鳥取・倉吉間で特急「はまかぜ」がキハ80系気動車で運転を開始。
1972(昭和47)年9月30日	姫路〜和田山間でC57形三重連によるSLさよなら列車が運転される。
1978(昭和53)年6月18日	播但線で最後まで運用されていたDD54形ディーゼル機関車がこの日限りで引退する。
1990(平成2)年3月10日	播但線の普通列車では初の冷房車となる12系客車1000番台が投入される。
1992(平成4)年3月14日	播但線の客車列車が廃止される。
1998(平成10)年3月14日	姫路〜寺前間が電化される。
2008(平成20)年12月22日	姫路駅付近(約1.3km)が高架化される。

播但線新井〜生野間の勾配区間を白煙と共に上る、重連の蒸気機関車が牽引する旅客列車。当路線では旅客用機のC57が客貨に活躍した。冬季に運転されたスキー列車等は、同形式の三重連で運転されたこともあった。
◎1972(昭和47)年2月5日　撮影:安田就視

播但線沿線で、始発駅から乗り込んだ列車の車窓左右に小高い山が迫ってくると寺前に到着する。姫路との間で当駅折り返しの区間列車が何本も設定され、路線の中間部付近に位置する拠点駅となっている。◎1982（昭和57）年9月1日　撮影：安田就視

播但鉄道が明治時代に隣駅の長谷から延伸して開業した播但線生野。銀山湖から流れ出す市川がつくり出した谷間の北端部に位置する。駅構内は周辺の勾配と曲線の位置関係を考慮して、日本の鉄道では珍しい右側通行となっている。◎1982（昭和57）年9月　撮影：安田就視

播磨港線と呼ばれていた、播但線で姫路方の末端区間に位置した播磨港駅。姫路～当駅間は港への貨物用輸送が主な業務で、末期の旅客列車は1日2往復の設定だった。1986（昭和61）年に5.6キロメートル区間が廃止された。◎1973（昭和48）年12月5日　撮影：安田就視

播但線が非電化路線であった時代。姫路〜寺前間の区間列車には朝夕を中心に客車列車が何本も設定されていた。昭和50年代には使用車両が旧型客車から50系に代替わりし、牽引する機関車ともども、真っ赤な列車が走り出した。◎1983(昭和58)年10月30日　撮影：安田就視

Houjou Line
北条線　ほうじょうせん

区間 ▶ 粟生〜北条町
駅数 ▶ 8駅
全通年月日 ▶ 1915年3月3日

1943（昭和18）年6月1日	播丹鉄道が国有化されて北条線となる。
1952（昭和27）年2月18日	田原駅（2代目）が開業する。
1961（昭和36）年10月1日	横田仮乗降場が開業する。
1974（昭和49）年10月1日	貨物営業が廃止される。
1981（昭和56）年9月18日	特定地方交通線第一次廃止対象として廃止が承認される。
1984（昭和59）年5月25日	第三セクター鉄道への転換が決定される。
1985（昭和60）年4月1日	国鉄から北条鉄道に転換される。
2001（平成13）年11月20日	北条町駅が移転する。
2010（平成22）年10月16日	全国で初めて、旅客用の車両に廃油燃料が使用される。

線路端を菜の花が彩る国鉄北条線時代の田原〜法華口間を、キハ35と30の2両編成が紫煙を残して軽やかに走り去って行った。旧国鉄時代の同路線には、加古川線へ直通する列車も設定されていた。◎1981(昭和56)年4月17日　撮影:安田就視

木造駅舎や貨物用の倉庫等、良き時代の佇まいを色濃く残していた旧国鉄時代の北条線北条町。加古川線粟生から分岐する旧北条線の終点である。同路線は1985(昭和60)年に第三セクター鉄道の北条鉄道へ転換された。街中の駅は今も健在だ。◎1981(昭和56)年4月17日　撮影:安田就視

Akou Line
赤穂線 あこうせん

区間 ▶ 相生～東岡山
駅数 ▶ 20駅（貨物駅含む）
全通年月日 ▶ 1951年12月12日
路線距離 ▶ 57.4km
線路数 ▶ 全線単線
最高速度 ▶ 95km/h

1949（昭和24）年8月25日	沿線住民によって赤穂線建設促進期成同盟会が発足。国鉄に対し陳情を行う。
1951（昭和26）年12月12日	相生～播州赤穂間が開業。西相生駅、坂越駅が開業。大阪～播州赤穂間で休日運転の臨時快速「義士」号が運転を開始する。
1961（昭和36）年3月29日	相生～播州赤穂間が電化されて電車運転開始。東海道本線米原～播州赤穂間で80系電車による直通運転が開始される。
1962（昭和37）年9月1日	伊部～東岡山間が延伸開業して全通する。
1963（昭和38）年4月20日	京都～岡山～大社（後に廃止）間の急行「だいせん」（後の「おき」）が赤穂線経由となる。
1969（昭和44）年8月24日	播州赤穂～東岡山間が電化して全線が電化される。
1976（昭和51）年6月30日	播州赤穂以西で戦前製の旧型国電が引退する。
2005（平成17）年3月1日	東海道・山陽本線新快速の播州赤穂乗り入れが、朝夕ラッシュ時のみから終日に拡大する。

赤穂線備前福河駅に停車する湘南色の近郊型電車。山陽本線を補う性格を持ち合わせる赤穂線は播州赤穂～東岡山間が1969(昭和44)年に電化開業し、これを以って全区間が電化された。相生、岡山方の双方から、山陽本線の列車が播州赤穂まで乗り入れる。◎1980(昭和55)年9月　撮影：安田就視

赤穂線寒河(そうご)～日生間では、沿線の車窓風景が山間部から海辺へと移る。日生へ続くトンネルの手前で、岡山行きの列車は石谷川の河口付近を渡る。旧国鉄時代の列車は6両とやや長編成だった。◎1981(昭和56)年12月14日　撮影：安田就視

Takasago Line
高砂線 たかさごせん

区間▶加古川〜高砂
駅数▶7駅
全通年月日▶1913年12月1日
路線距離▶8.0km
線路数▶単線

1943（昭和18）年6月1日	播丹鉄道の国有化により高砂線となる。
1955（昭和30）年2月10日	鶴林寺駅が開業。
1958（昭和33）年11月1日	経営改善を目的に、加古川線管理所が設置される。
1970（昭和45）年4月1日	加古川線管理所が廃止される。
1981（昭和56）年9月18日	第一次特定地方交通線として廃止が承認される。
1984（昭和59）年2月1日	高砂〜高砂港間 (1.7km) が廃止。全線の貨物営業が廃止される。
1984（昭和59）年12月1日	加古川〜高砂間 (6.3km) が廃止される。

高砂線の野口駅では、別府鉄道野口線が国鉄線のホーム向かい側から発着していた。やや色あせた風貌の機械式気動車はキハ101。元国鉄キハ41057で同和鉱業片上鉄道へ払い下げられた後、1974（昭和49）年に別府鉄道へやって来た。1983（昭和58）年10月28日　撮影：安田就視

高砂線の終点であった高砂駅の先には旧国鉄の高砂工場があり、気動車や客車、貨車の検修が行われていた。検修を受ける列車を工場へ搬入する折には、多様な車両で編成された回送列車を高砂線でしばしば見ることができた。◎高砂北口〜尾上　1981(昭和56)年4月16日　撮影：安田就視

旧高砂線加古川橋梁を渡るキハ20とキハ35の2両編成。高砂線は播州鉄道が地域の物資輸送を主な目的として開業した。加古川の東岸となる高砂市内の沿線には、工業地帯や旧国鉄工場があった。◎1980(昭和55)年9月　撮影：安田就視

Miki Line
三木線 みきせん

区間 ▶ 厄神〜三木
駅数 ▶ 9駅
全通年月日 ▶ 1916年11月22日

1943（昭和18）年6月1日	播丹鉄道が国有化、三木線となる。
1974（昭和49）年10月1日	貨物営業が廃止される。
1981（昭和56）年9月18日	特定地方交通線の第一次廃止対象として廃止が承認される。
1984（昭和59）年2月23日	第三セクター鉄道への転換が決定される。
1985（昭和60）年4月1日	三木鉄道に転換される。
1986（昭和61）年4月1日	宗佐駅、下石野駅、西這田駅、高木駅が開業する。
2008（平成20）年4月1日	全線廃止。神姫バスが三木鉄道代替バスを運行開始する。
2010（平成22）年11月30日	最後の株主総会が開催され、清算業務を終了する。

立派な構えの木造駅舎があった旧国鉄時代の三木線三木。事務室内で多くの職員が忙しく働いていた、貨物輸送華やかりし頃を想わせるかのような、ゆったりとした設えが印象的である。◎1981（昭和56）年4月16日　撮影：安田就視

三木線が加古川線から分岐する厄神を発車して来たのは、キハ35と30の通勤型気動車同士が手を繋いだ2両編成だった。線路の傍らに建つ腕木式信号機は、対向方向に停止を指示する赤色表示を出している。◎1981(昭和56)年4月18日　撮影:安田就視

旧三木線は加古川線厄神と三木を結ぶ6.6キロメートルの短路線だった。貨物輸送に主眼を置いて建設された路線で、旅客輸送は当初より低迷を続けた。1985年に第三セクター鉄道の三木鉄道へ転換。しかし、三木鉄道も2008年に廃止された。1981(昭和56)年4月16日　撮影:安田就視

Kajiya Line
鍛冶屋線 かじやせん

区間 ▶ 野村（現在の西脇市駅）～鍛冶屋
駅数 ▶ 7駅
全通年月日 ▶ 1913年8月10日

1943（昭和18）年6月1日	播丹鉄道が国有化され、野村～鍛冶屋間が鍛冶屋線となる。
1958（昭和33）年11月1日	加古川線管理所が設置される。
1961（昭和36）年10月1日	曽我井仮乗降場が開業する。
1970（昭和45）年4月1日	加古川線管理所が廃止される。
1974（昭和49）年10月1日	貨物営業が廃止される。
1987（昭和62）年2月3日	第三次特定地方交通線として廃止が承認される。
1988（昭和63）年12月	全線廃止・バス転換が専門委員会によって決定される。
1990（平成2）年4月1日	野村～鍛冶屋間の全線が廃止される。

鍛冶屋線市原～羽安間を行く3両編成の気動車列車。先頭には郵便荷物合造車のキハユニ16が立つ。鍛冶屋線は加古川線野村（現・西脇）と鍛冶屋を結ぶ13.2キロメートルの路線だった。民営化後の1990年に廃止された。◎1980（昭和55）年9月　撮影：安田就視

嵩上げされたと思しきホームは今様の表情になっているものの、鍛冶屋駅の構内には渋い風合いを湛えた木製の構造物が散見された。このような舞台に相応しいのは二色塗りの旧国鉄一般型気動車色を纏う車両だろう。◎1973(昭和48)年12月5日　撮影：安田就視

Kishin Line
姫新線 きしんせん

区間 ▶ 姫路〜新見
駅数 ▶ 36駅
全通年月日 ▶ 1923年8月21日
路線距離 ▶ 158.1km
軌間 ▶ 単線
最高速度 ▶ 100km/h

1960（昭和35）年10月1日	準急「みささ」が姫新線を経由する大阪〜津山〜上井（現・倉吉）間で、準急「みまさか」が大阪〜中国勝山間で運転を開始する。
1965（昭和40）年10月1日	準急「かいけ」が姫新線を経由する大阪〜津山〜鳥取〜米子間で運転を開始する。
1966（昭和41）年3月5日	姫新線を走る準急が急行に格上げされる。
1968（昭和43）年10月1日	急行「みささ」「かいけ」が「伯耆」に改称、統合される。急行「やまのゆ」は「みまさか」に統合される。
1972（昭和47）年3月15日	急行「やまのゆ」が津山〜広島間で運転を開始する。
1975（昭和50）年3月10日	急行「伯耆」が「みささ」に改称される。
1989（平成元）年3月11日	急行「みささ」「みまさか」が廃止になる。
1994（平成6）年12月3日	智頭急行上郡〜智頭間が開業する。

姫路駅の改札口にほど近い1番線ホームに停車する、姫新線の列車はキハ47の2両編成。長い工事期間を経て駅構内が高架化されるまで、姫新線の列車は行き止まり構造の西1番線（後の0番線）と1番線から発着していた。◎1990（平成2）年7月　撮影：安田就視

中国山中を横切って路線名の通り姫路と新見を結ぶ姫新線。田園地帯の中を2両編成の気動車が進む。民営化間もない頃の撮影で、先頭のキハ40はJRマークを付けているのに対して、2両目のキハ47にはマークがない。◎余部〜太市　1987(昭和62)年7月　撮影：安田就視

兵庫県から岡山県下の山中に点在する街を結んでいく姫新線。谷沿いに続く沿線には山里の田園風景が続く。朱色のキハ40等は濃い緑に彩られた水田の中に一際映える存在であった。◎余部〜太市　1987(昭和62)年7月　撮影：安田就視

3章 山陽本線、山陰本線の沿線【姫新線】　159

野口昭雄（のぐち あきお）

1927（昭和2）年12月大阪生まれ。
1945（昭和20）年3月大阪商業学校を卒業、日本国有鉄道に入職し、吹田工場に勤務。
1951（昭和26）年3月摂南工業専門学校（現・大阪工業大学）電気科を卒業。
1979（昭和54）年、国鉄吹田工場を退職後、国鉄グループ会社（現・JR西日本グループ）の関西工機整備株式会社に1994（平成6）年まで勤務。
永年にわたり鉄道友の会会員。同会の阪神支部長等を歴任。

【写真協力】
安田就視（やすだ なるみ）

【写真解説】
牧野和人（まきの かずと）
1962（昭和37）年三重県生まれ。写真家。1985（昭和60）年京都工芸繊維大学卒。幼少期から写真撮影に親しみ、2001（平成13）年より撮影、写真画像の貸し出し、執筆等を職業とする。弊社等から著書多数。

1970年代～80年代
続・関西の国鉄アルバム

発行日……………………2018年11月5日　第1刷　　※定価はカバーに表示してあります。

著者………………………野口昭雄
発行者……………………春日俊一
発行所……………………株式会社アルファベータブックス
　　　　　　　　　　　〒102-0072　東京都千代田区飯田橋2-14-5 定谷ビル
　　　　　　　　　　　TEL.03-3239-1850　FAX.03-3239-1851
　　　　　　　　　　　http://ab-books.hondana.jp/

編集協力…………………株式会社フォト・パブリッシング
デザイン・DTP …………柏倉栄治
印刷・製本………………モリモト印刷株式会社

ISBN978-4-86598-842-0 C0026
なお、無断でのコピー・スキャン・デジタル化等の複製は著作権法上での例外を除き、著作権法違反となります。